动物神秘事件簿

草原动物

瑾蔚 编著

北方妇女儿童出版社
·长春·

图书在版编目（ＣＩＰ）数据

草原动物 / 瑾蔚编著. -- 长春：北方妇女儿童出版社，2023.8（2024.8 重印）
（动物神秘事件簿）
ISBN 978-7-5585-7388-0

Ⅰ.①草… Ⅱ.①瑾… Ⅲ.①草原—动物—儿童读物
Ⅳ.①Q95-49

中国国家版本馆 CIP 数据核字（2023）第 036233 号

动物神秘事件簿——草原动物
DONGWU SHENMI SHIJIAN BU——CAOYUAN DONGWU

出 版 人	师晓晖
策 划 人	陶　然
责任编辑	曲长军　庞婧媛
开　　本	889mm×1194mm　1/16
印　　张	4
字　　数	80 千字
版　　次	2023 年 8 月第 1 版
印　　次	2024 年 8 月第 2 次印刷
印　　刷	长春人民印业有限公司
出　　版	北方妇女儿童出版社
发　　行	北方妇女儿童出版社
地　　址	长春市福祉大路 5788 号
电　　话	总编办 0431-81629600
	发行科 0431-81629633

定　　价　　22.80 元

在辽阔的草原上，生活着大小各异的奇珍异兽，它们构成了一个生机勃勃的动物王国。草原是一个残酷的生存战场，动物们为了生存练就了一身独特的本领。狮子是草原上的王者，没有谁敢和它正面发生冲突；猎豹是短跑冠军，很多动物它都能追上；大象是"力量型选手"，草原上没有谁的力量比得上它；还有满身盾甲的犰狳、善于跳跃的袋鼠、不会飞却善于奔跑的鸵鸟……除了这些，草原上还有很多神奇、有趣的动物呢！想认识它们、了解它们的秘密吗？赶快翻开这本书吧！本书文字浅显易懂、图片精美生动，集知识性和趣味性于一体，能够产生强烈的吸引力，让我们在轻松愉悦的氛围中了解各种草原动物。

目录

02 狮子

04 花豹

06 猎豹

08 狞猫

10 兔狲

12 鬃狼

14 非洲野犬

16 斑鬣狗

18 狐獴

20 大象

22 犀牛

25 斑马

26 角马

28 跳羚

1

30 瞪羚

44 跳鼠

32 长颈鹿

46 野兔

34 河马

48 秃鹫

36 骆驼

50 蛇鹫

38 羊驼

52 鸵鸟

40 犰狳

54 鸸鹋

42 袋鼠

56 走鹃

草原动物

草原是一个充满生机的地方。这里虽然雨水不够充足，植被也没那么繁茂，但生活着数不清的动物，它们共同分享着草原上的一切。

各种各样的动物

草原上的动物非常多，它们有的吃肉，如狮子、花豹；有的吃素，如斑马、跳羚；有的善于奔跑，如猎豹、鸵鸟；有的独居，如兔狲、狞猫；有的过群体生活，如大象、角马；有的喜欢待在水里，如河马；有的适应干旱的环境，如骆驼。

狮子

动物小档案

名称：狮子

体长：约 3 米

分类：哺乳纲—食肉目—猫科

栖息地：非洲草原

食物：各种草原动物

天敌：鬣狗

说起草原上的霸主，我想没有什么动物敢和我一较高下。没错，我就是狮子，非洲大草原上绝对的统治者。

还是先向你介绍一下我的家庭吧！

我的爸爸是一家之主，你看它健壮的体格和脖子上长长的鬃毛，是不是威风极了？有爸爸保护，我们就不用担心有外敌入侵了。

我的妈妈虽然个头儿比爸爸小，却是捕猎的高手。它总是和长辈们结伴出去捕食，把好吃的肉带回来和我们一起分享。

我的兄弟姐妹们还没长大，等长大了，我们雄狮就要离开狮群，自己去组建一个新家庭。而那些雌狮子则有机会留在家里，和妈妈一起去捕食。

狮子说：

你想知道我们是怎样捕猎的吗？相比于单打独斗，我们更喜欢团结合作。只要从四周包抄过去，慢慢缩小包围圈，再寻找时机猛扑过去，猎物就到手啦！

动物小档案

名称: 花豹

体长: 1~1.5 米

分类: 哺乳纲—食肉目—猫科

栖息地: 亚洲、非洲等草原、森林

食物: 狍子、鹿、野猪、野兔等

天敌: 狮子、鬣狗

花豹

我的性格和狮子不太一样,不喜欢扎堆,总是独来独往。这种生活很潇洒,但不利于捕猎。幸好,我的捕猎技巧非常高超,不至于饿肚子。

我捕猎主要采用两种攻击方式:

一:隐蔽在树上,等猎物从树下经过时,突然跳下来,扑倒猎物;

二:用枯草、灌木丛作掩护,悄悄靠近猎物,然后突然跃出,将其捕获。

我很会爬树,所以藏在树上很简单,但悄悄靠近猎物却不太容易。还好,我的一身斑点花纹帮了很大忙,让我即使离猎物只有几米,也很难被发现。

我是如何处理吃不完的食物的?

有时候,猎物太大了,我一次吃不完。但我不会把它白白扔掉,而是会挂到树上储藏起来。这样,我就不担心食物会烂掉,或者被别的动物偷吃。

狮子说：

花豹的确很厉害，我也很佩服，尤其是爬树、跳跃的本领比我强多了。不过，它没有我力气大，所以打不过我。

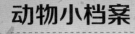

动物小档案

名称：猎豹

体长：1~1.5 米

分类：哺乳纲—食肉目—猫科

栖息地：亚洲、非洲草原

食物：羚羊、角马、鸵鸟等

天敌：狮子、鬣狗等

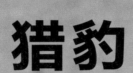

猎豹

论力量、体格，我比不上花豹，更不如狮子。但如果比速度，我可以自信地说，它们俩都是我的手下败将。

我是奔跑冠军

不是吹牛，在陆地上，没有谁比我跑得更快了。要知道，我1小时能跑120千米呢，和小汽车的速度差不多，追击猎物自然不在话下。

当然，我不能一直跑这么快，一般只能坚持三分钟，之后就要减速，停下来喘口气，让身体里的热量散发出去。不然的话，我就会因为身体太热而虚脱。

我是如何捕猎的？

为了能成功捕到猎物，我只好先偷偷靠近，然后近距离偷袭。不过，那些猎物跑得也都很快，还会不断地急转弯躲避，所以我有时候也会失手。

狮子说：

相比亲自捕猎，我还是喜欢不费力气地从猎豹嘴里抢走食物。它要是敢不服，我不介意将它咬死吃掉。

动物小档案

名称: 狞猫

体长: 约 0.5~0.9 米

分类: 哺乳纲—食肉目—猫科

栖息地: 亚洲、非洲草原等

食物: 老鼠、野兔、斑鸠

天敌: 花豹、狮子、老鹰

狞猫

　　和狮子、猎豹相比,我算是小个头儿了,也不怎么喜欢抛头露面,但可不要因此小看我,我也是捕猎高手呢!

　　白天,我常趴在树上休息,到了夜里才出来活动觅食。四周黑漆漆的,但一点儿都不妨碍我寻找猎物,因为我有一对灵敏的"顺风耳"。

　　我竖起长耳朵,将老鼠、兔子发出的沙沙声听得一清二楚。很快,我就确定了它们的位置,之后只需要轻松地扑出去,就能一击即中,将它们抓住。

　　其实,像我这样的捕猎高手还有很多,但能抓住飞鸟的却没有几个。我不但很会爬树,跳跃能力也特别厉害,所以抓那些低飞的鸟儿也是手到擒来。

狮子说：

别看我有时会欺负狞猫，其实我对它兴趣不是很大。因为它长得太小，没多少肉，还很会爬树，让我很难抓到。

动物小档案

名称: 兔狲

体长: 约 0.5~0.65 米

分类: 哺乳纲—食肉目—猫科

栖息地: 亚洲草原等

食物: 老鼠、沙鸡、野兔等

天敌: 狗、狐狸等

兔狲

看到我,你会觉得这么肥嘟嘟的家伙,捕食肯定很困难,一定常被别的动物欺负。其实,我对付猎物和敌人都很有一套。

我也很会捕猎

确实,我没有别的"大猫"那样的长腿,屁股还很大,毛又特别厚,看起来就像低矮的胖子,但这一点儿都不妨碍我把跳鼠、沙鼠抓来当点心。

当然了,我要捉它们也不容易,要有方法才行。

潜猎:在隐蔽物四周蹑手蹑脚地搜索。

驱猎:在浓密的植被下追捕猎物。

伏猎:守在猎物的洞口,耐心等候。

遇到危险怎么办?

遇到危险,我会立刻逃跑。这只是一种办法,因为我跑起来不怎么快。我会选择趴在地上躲起来,因为我的长毛的颜色和岩石、土块简直一模一样。

狮子说：

兔狲？我没见过，因为它和我不在一个地方生活。我听说，它住在北方，那里的冬天太冷了，我可没它那样的长毛抵挡严寒。

鬃狼

很多朋友听了我的名字,就觉得我太凶残了,马上远远地躲开。其实,我和别的狼不太一样,算是狼中的另类吧!

乍一看,我有棕红色的"外套"、尖尖的大耳朵、蓬松的尾巴,很多朋友还以为我是狐狸呢!其实,我的身材比狐狸高挑儿多了,尤其是四条长腿,就像踩着高跷一样。

我不太一样

刚才,我说自己和亲戚们不一样,主要指的是吃的方面。它们都爱吃肉,无肉不欢。而我的食谱很另类,有一多半都是各种果子、植物,因为我觉得能填饱肚子就行。

当然，除了"吃素"，我在其他方面的"狼性"也很少。别的狼大多喜欢居住在一起，而我不太习惯这样的生活，除了和妻儿住在一起，一般不太爱"凑热闹"。

狮子说：

鬃狼我没见过，但我听说，它的脖子上有很多深色的鬃毛，还能像马那样竖起来。我想，它的名字就是这样来的吧？

13

非洲野犬

动物小档案

名称: 非洲野犬

体长: 约 1 米

分类: 哺乳纲—食肉目—犬科

栖息地: 亚洲草原等

食物: 羚羊、角马、斑马

天敌: 无

鬃狼实在有些丢脸,只能吃水果、兔子之类的。哪像我,羚羊、角马都能吃。当然,这也是我和亲人一起合作的成果。

我们是一个优秀的团队

如果只看个头儿,我确实没什么优势。不过,我的亲戚多,我和它们生活在一起。这样,我们就能一起合作狩猎了。当然,我们的狩猎工作要在首领的带领下进行。

不是吹嘘,我们这个团队实在太优秀了,不仅捕猎合作默契,对同伴也是关怀备至。比如,每次捕猎成功后,我们都会把肉带回领地去,分享给"老幼病残孕"。

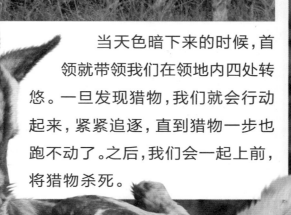

当天色暗下来的时候,首领就带领我们在领地内四处转悠。一旦发现猎物,我们就会行动起来,紧紧追逐,直到猎物一步也跑不动了。之后,我们会一起上前,将猎物杀死。

狮子说：

非洲野犬实在不好对付。上次，我就因为小看了它们，结果被群殴了。当然，单打独斗我是不怕的，只是它们很少落单。

斑鬣狗

要说团队,我的团队也是极其优秀的,一点儿也不比非洲野犬差,尤其是在捕猎的时候,我们合作得极其默契。

不同的捕猎战术

我说默契,并不一定总是一拥而上,而是根据不同的对象采用不同的战术。

捕杀角马:我们在夜间袭击角马群,冲散角马群后,迅速围上一只角马,将其咬死。

捕杀斑马:我们中的一只骚扰斑马首领,其他成员则围追斑马群。一旦有斑马落后,我们就一拥而上。

我们的竞争方式

当然,我们团队内部是有竞争的。不过,我们的竞争方式有些特别,并不一定是打斗。比如,吃猎物时,我们总是争先恐后,这其实是我们以吃的速度来竞争。

我们这个团队内很少发生打斗，即使有争吵也会很快解决。如果争吵不停，"领头的"还会站出来调节，阻止冲突。

狮子说：

斑鬣狗就是强盗团伙，四处抢夺食物，有时甚至敢抢夺我的食物。当然，在我面前，它们大多会失败而归，甚至丢了性命。

动物小档案

名称:狐獴

体长:约 0.3 米

分类:哺乳纲—食肉目—獴科

栖息地:非洲南部草原

食物:昆虫、蜘蛛、蜥蜴

天敌:鹰、狼、豺

狐獴

　　和斑鬣狗相比，我的实力要弱得多，几乎无法抵挡敌人的任何攻击。幸好，我和同伴们十分团结，会一起对付敌人。

　　我和同伴们住在地下四通八达的洞穴里。每天清晨，迎着阳光，我们一个接一个爬出洞穴，然后一起去找吃的、玩耍、保卫领地，或者挤在阴凉处打盹儿。

　　安全时刻不能忽视。吃东西、嬉戏时，会有两三个同伴主动站出来，肩负放哨的任务。一旦有危险，这些"哨兵"就会"鸣笛示警"，让伙伴们赶紧躲进洞穴里避难。

其实，我们并不是好惹的，发起狂来，连眼镜蛇都怕。因此，有时面对冲突，我和同伴们也会挺直腰板儿恐吓敌人，或者一拥而上将敌人吓跑。

狮子说：

狐獴？我认识，但不感兴趣，因它太瘦了，身上没一点儿肥肉。我还听说，它不怕毒，能吃蝎子、毒蛇等毒物。

动物小档案

名称：大象

体长：约 6 米

分类：哺乳纲—长鼻目—象科

栖息地：非洲、亚洲草原等

食物：植物果实、枝叶等

天敌：无

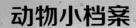

大象

　　狮子说它是草原上的霸主，我虽然不否认，但我们大象家族可不怕狮子。放眼整个草原，还没有比我更大的动物呢！

　　我的家族有将近三十个成员，领头的是我的祖母，成员有我的妈妈和阿姨们，还有我的兄弟姐妹。

　　在大草原上，我们象群可是出了名的团结。在我们长大之前，长辈们会一直保护我们。

给你看看我最有用的工具：

我的鼻子是我全身上下最值得骄傲的地方，它可灵活了，你看，我可以用它拿起各种各样的东西，就算地上有根针都能捡起来。真的，这一点儿都不夸张！

狮子说：

大象那么高大，皮糙肉厚，还总是一大群待在一起，我没事惹它们干什么？不过，没长大的小象要是落单了，我可是不会放过的。

犀牛

大象长得是比我大一些，可它敢和我战斗吗？恐怕，我仅亮出头上的大角，所有陆地动物都会发抖。

我就是这么强大

能成为陆地霸主，我自然是有依仗的。我头上的大粗角是最厉害的武器，它的尖端十分锋利，就像尖刀一样，皮糙肉厚的大象也会轻易被刺穿身体。

狮子说：

犀牛脾气实在太坏了，我不敢惹它。但我很好奇，它竟然怕蚊虫。难怪，它要和犀牛鸟做朋友，让犀牛鸟吃它身上的蚊虫。

　　进攻武器有了，防护武器也不能少。你看，我身上的皮肤像不像战士身上的铠甲？有了它，就算是狮子、花豹的利齿、利爪也根本伤不了我分毫。

　　我长得这么壮实，速度自然要差一些，但跑起来还是不慢的。所以，谁要是敢惹我，或者闯入我的领地，我也会紧追不放，将它狠狠教训一顿。

23

动物小档案

名称：斑马

体长：约 2 米

分类：哺乳纲—奇蹄目—马科

栖息地：非洲草原

食物：野草、树枝、树叶

天敌：狮子、豺、鬣狗等

24

斑马

我没有大象那么大，也没有犀牛那么强壮；我性格温柔，又喜欢安静。面对狮子、豹子等猛兽，我自有一套独特的防卫方式。

独一无二的斑纹：

我身上的斑纹是最特别的防卫手段，它们黑白相间，在阳光和月光下能模糊我的身体轮廓，起到混淆敌人视线的作用。

我的特点：

友好而温顺；很有警戒心；敬老爱幼，有同情心；适应能力很强。

共同生活的团体：

我的作战能力不强，要想抵御狮子和豹子，必须团结起来共同生活。我们斑马不仅内部十分团结，还能和长颈鹿、羚羊等共同生活，一起分享食物、抵御敌害。

狮子说：

和长颈鹿比起来，我更喜欢捕捉斑马。不过斑马跑起来速度太快，我只能采用伏击的方式，一旦被它们发现就很难得手了。

动物小档案

名称：角马

体长：约 2 米

分类：哺乳纲—偶蹄目—牛科

栖息地：非洲草原

食物：野草、树叶、花蕾

天敌：狮子、豹、鬣狗等

角马

　　我平日里也是和伙伴们生活在一起的，只是我们这个团体不太大。不过，每年七八月，我们会举行一场"大聚会"，场面壮观极了。

　　非洲是一个神奇的地方，雨季、旱季特别分明。雨季的时候，水草十分丰美，我和十几个伙伴组成一个小家庭，在这里自由生活，养育儿女。

迁徙之旅

　　可是到了旱季，这一切都变了，河水干涸了，水草也没有了，我迫切需要寻找好草场。和我想法一样的还有上百万个同伴，于是我们一同前行，开始一场浩大的迁徙之旅。

　　我们的队伍庞大极了，大地都被震得轰轰响，扬起漫天尘土。不过，我还是要时刻警惕，因为安全最重要，我可不想一不小心就被狮子、鬣狗、尼罗鳄等吃掉。

狮子说：

角马真是太奇怪了,明明是羚牛,却起了个带"马"字的名字。不过,叫什么不重要,它们只要能填饱我的肚子就行。

跳羚

我没有角马那么大的块头,也没有它们组成的那样庞大的队伍,但我并不用太担心敌人,因为对付敌人我很有办法。

非洲大草原实在太危险了,猎豹、花豹、鳄鱼都想要吃我呢。不过,我要特别注意的只有猎豹而已,因为它跑得确实特别快,经常追得我四处跑。

当然了,我也并不是特别忌惮猎豹,因为比速度我一点儿也不差,而且我一下能跳好几米远,又能左闪右躲,甩得猎豹一愣一愣的,猎豹根本就碰不到我。

不过，我还是要小心，尤其是和同伴一起迁徙、寻找草场的时候，那些家伙不知道躲在哪儿，准备偷袭我呢。如果实在没办法了，我也会用头上的尖角抗争一下。

狮子说：

相比角马，我不太喜欢捕捉跳羚，因为它跑得太快了，我很难追上。不过，它要是受伤了，我不介意费点儿力气抓它。

动物小档案

名称:瞪羚

体长:约 1.2 米

分类:哺乳纲—偶蹄目—牛科

栖息地:非洲、亚洲草原

食物:野草、树叶等

天敌:猎豹、花豹等

瞪羚

要论速度,我比跳羚还要强一些,因此面对猎豹,我也不怎么惧怕,而且我还有别的招儿对付它呢!

对付强敌的办法就是"逃跑"

草原上很多吃肉的动物都把我当作美餐,可除非近距离偷袭,它们想要抓到我几乎没可能,因为我跑起来实在太快了,就算和猎豹比也只是慢一点点。

一对鼓鼓的大眼睛

别误会,我说话的时候可没有不礼貌,故意瞪着你。只是我的眼睛太大了,眼球鼓鼓的,看起来就像瞪着眼一样。也因为这样,别的动物都叫我瞪羚。

猎豹是比我快一点儿,可我的耐力比它好太多了,即使狂奔 1 小时也不觉得累。还有,我一下能跳好几米远,奔跑时还能急转弯,这样就能甩开猎豹啦!

狮子说：

我想捕几只小瞪羚吃，可小瞪羚也跑得很快，而且它们太低调了，总是低头躲在草丛里，我根本发现不了。

31

长颈鹿

动物小档案

名称：长颈鹿

体长：约 5 米

分类：哺乳纲—偶蹄目—长颈鹿科

栖息地：非洲草原

食物：树叶

天敌：狮子、猎豹等

要和瞪羚比速度，我没什么胜算；但要比个头儿，那就没有谁能比得上我了。我个头儿那么高，是因为我有一个超级长的脖子。

高个子有什么好处？

好处一：看得远。再加上我突出的眼珠能向四周旋转，所以我的视野十分开阔。如果有狮子、豹子等靠近，我老远就看见了。

好处二：能吃到高处的树叶。我的舌头也特别长，能轻巧地卷食树枝上的嫩叶。

好处三：跑得快。个子高腿就长，适宜奔跑。你看，我跑步的姿势可是很特别哟！

高个子也有麻烦事:

睡觉不方便。因为我一躺下就很难站起来,所以我很少睡觉,而且尽量站着睡觉。

喝水不方便。脖子太长,很难低下头去。幸亏我很耐渴,树叶里的水分就够我用了。

狮子说:

长颈鹿还是很好吃的,但是它们太高了,也很不好惹。不是很有必要的话,我们一般不会去捕捉长颈鹿。要是被它踢上一脚,可有的受了!

河马

动物小档案

名称:河马

体长:约 2 米

分类:哺乳纲—偶蹄目—河马科

栖息地:非洲水草丰盛地区

食物:水草、灌木枝叶等

天敌:无

长颈鹿为了躲避狮子、豹子,东奔西跑,真是太辛苦了。我就没有这劳碌命,每天只要待在水里,就有吃有喝,还不用担心敌人。

我喜欢待在水里

我可不是信口开河。你知道,我最喜欢待在河流、湖泊、沼泽附近了,那里有很多好吃的,还能让我泡澡睡觉,不用担心皮肤因为太阳晒而干裂开。

恐怖的战斗力

我刚刚说在水里不用担心敌人,其实在陆地上也不用担心,因为我的战斗力是超级强的,尤其是发怒时,敌人要敢靠近我,我一定会用大獠牙将它咬死。

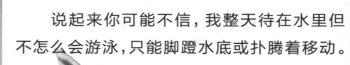

说起来你可能不信,我整天待在水里但不怎么会游泳,只能脚蹬水底或扑腾着移动。不过,我很会潜水,一次能在水下待七八分钟呢。很了不起吧!

狮子说：

相比于瞪羚，我可
惹不起河马，就它那大
獠牙一下就能把我咬
死。不过，那些小河马
没什么战斗力，我倒是
可以抓几只来吃。

35

骆驼

动物小档案

名称：骆驼

体长：约 3 米

分类：哺乳纲—偶蹄目—骆驼科

栖息地：非洲、亚洲草原和沙漠等

食物：梭梭、胡杨、沙拐枣等

天敌：狼

河马实在太幸福了，吃喝不愁。和它相比，我的生活压力有些大，不仅要背着"山峰"到处走，而且常要忍受饥渴。

把山背起来，那是不可能的。我背上的"山峰"叫作驼峰，里面满是脂肪，我身体需要的能量很多都是它提供的。要是没有它，我可没力气每天走那么多路。

我是如何应对饥渴的？

我生活的地方实在太干了，很难见到水。所以，每次遇到水源，我都会大口大口地喝水，把整个胃装满。这样，接下来十多天我都不会感到口渴了。

狮子说：

骆驼？我没怎么见过。但我听说，它们很奇特，有的背两座"山峰"，有的背一座。难道它们的力气真的那么大？

填饱肚子也是一个大问题。这里植物实在太少了，只有一些梭梭、胡杨等。没办法，我只能吃它们了。当然，我不挑食，要是遇到别的植物，也会吃的。

羊驼

骆驼可真厉害，在那种艰苦的环境里都能独自存活。我可没它那样的本事，必须要和同伴们待在一起，不然没办法好好生活。

我和骆驼是亲戚

说起来，我和骆驼还是亲戚呢，这从我们的名字就能看出来。所以，我和它有很多相似的地方，比如脖子很长；胃里能存水，可以好几天不喝水。

我天生胆子就小，就算和同伴们一起外出吃草，也会竖起耳朵，保持警惕。有时，我们还要派遣我们中的一员担任警卫。有一点儿风吹草动，"警卫员"就会带领我们逃走。

我虽然胆小，但有时也会发脾气。要是遇到不顺心的事儿，我就会从鼻子里喷出一些脏东西，或者向别的动物身上吐唾沫，来耍耍威风，发泄心中的不快。

狮子说：

我没见过羊驼，只听说它很爱干净，喜欢用沙子沐浴，有时甚至会找一处阳光充足的地方布置沙子浴场。

39

犰狳

我没有羊驼高大，也没有它跑得快。可要说对付敌人，我的招儿比它的多得多，你只要看看我身上的盾甲就可以想象到了。

我的防御手段概括起来有三种：逃、堵和伪装。

逃：我的腿虽然短，可逃跑时速度相当快，要是有一两分钟时间，还能打洞将身体埋在沙土里。

堵：逃进洞里，我就用尾巴上的盾甲堵住洞口，立起"挡箭牌"，让敌人没法儿伤害我。

伪装：要是逃不掉，我会将身体蜷成圆球，用盾甲包裹住。这样，敌人想要咬我，也没办法下口。

白天，我总是躲在洞里，晚上才出来找吃的，这样也能避开很多敌人。

我有好几个藏身的洞穴

在家族里，我算是非常能干的了，一闲下来就会去打洞。我的洞穴有好几个，每个又有好几个出口，每个出口都藏得很隐蔽。这样，就算有敌人来"敲门"，我也不怕。

狮子说：

我没见过犰狳，也不太了解它，但听说它特别喜欢吃腐肉，草原上哪里有牛、马腐烂的尸体，它就在哪儿打洞。

41

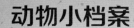

动物小档案

名称：袋鼠

体长：约 1.6 米

分类：哺乳纲一有袋目一袋鼠科

栖息地：大洋洲草原、森林等

食物：野草、树叶等

天敌：澳洲野犬

袋鼠

　　犰狳对付敌人确实有一套，但我觉得有些麻烦。相比之下，我就简单多了，要么逃跑，要么和敌人正面战斗。

在育儿袋里的日子

　　别看我现在长得这么高大，其实刚出生时比花生粒儿大不了多少。幸好，妈妈肚子上有个舒适的育儿袋。我在里面吃好喝好，只要一年就能长大，独自生活了。

要么逃跑，要么战斗

离开了妈妈，我的生活艰辛了许多，尤其是遇到敌人时，只能狼狈地逃跑。说是逃跑，但其实我根本不会跑，只能蹦蹦跳跳快速向前，让敌人追不上。

当然了，我也不会一味逃跑，有时也会反击。我背靠大树，把大尾巴立在地上，撑着身体，再抬起后腿，狠狠地蹬向冲过来的敌人的肚子。

狮子说：

我听说过袋鼠的大名。据说，它一次能跳4米高、10多米远，远远超过别的哺乳动物。这真是太不可思议了！

43

跳鼠

动物小档案

名称：跳鼠

体长：约 0.04~0.15 米

分类：哺乳纲—啮齿目—跳鼠科

栖息地：亚、非、欧、北美洲草原等

食物：植物种子和茎叶、昆虫等

天敌：猫、猫头鹰等

袋鼠跳得比我远多了，但我觉得它是占了个头儿优势。要是和我一样大，它一定比不过我。要知道，我跳鼠的名号可不是白叫的。

我有一对厉害的后腿

你一定想不到，我这么小的个头儿竟然一下能跳两三米远。其实，这都要归功于我的后腿。我的后腿可长了，还很强壮，就像袋鼠的那样，因而我很善于跳跃。

别想半空拦截我

若是敌人半空拦截，我该怎么办呢？这一点我早就想到了。看见我的长尾巴没？它一甩，我在空中就能突然转弯。这样，敌人就没法儿判断我会落在哪里，也就没法捕捉我了。

我可不会陷到泥土里

要是落到松散的土地上，我会不会陷下去呢？这一点你不用担心。我的后脚掌足够大，边上还有很多硬长毛撑地呢！对了，挖洞的时候，这些长毛还能帮我推土呢。

45

动物小档案

名称：野兔

体长：0.35~0.45 米

分类：哺乳纲—兔形目—兔科

栖息地：世界各地的草原等

食物：野草、野菜、灌木等

天敌：鹰、狐狸、狼等

野兔

要比谁的后腿长，怎么能忘掉我呢！当然，我和袋鼠、跳鼠不太一样，它们的后腿主要是用来跳跃，而我的是用来快跑。

我能跑多快？

和猎豹、瞪羚等奔跑健将比，我确实自叹不如。不过，一般的动物还真跑不过我，要知道我一小时能跑五六十千米呢！而且，我还能急转弯，敌人根本抓不住我。

我是这样对付敌人的

虽然我很能跑，可跑步毕竟太累了。所以呢，我一般不太动，总是趴在草丛周围。你也知道，我的身体颜色和杂草很像，因而敌人就算离得很近，也发现不了我。

不过，这毕竟有些冒险。所以，我时刻都保持警惕，将长长的耳朵竖起来。这样，敌人离得老远，还没靠近，我就已经察觉，然后悄无声息地溜之大吉了。

狮子说：

野兔的味道还是不错的，就是肉有点儿少。我还发现，它有两对上门牙，一对很大很明显，一对较小，很隐蔽。

47

秃鹫

野兔跑得快又怎样，还不是只能在陆地上活动？哪像我，可以在天空自由飞翔，搜寻各种动物尸体，充当"草原上的清洁工"。

动物小档案

名称: 秃鹫

体长: 1~1.2 米

分类: 鸟纲—隼形目—鹰科

栖息地: 世界各地的草原等

食物: 动物尸体、小型动物等

天敌: 无

想要飞，没有翅膀怎么能行。你快看，我两米多长的翅膀够大吧！有了它，我就能在荒山野岭的上空漫游，或者向远方飞去，寻找食物。

和别的猛禽不太一样，我虽然也捕捉小动物，但吃的大多都是动物的尸体。这可不是懒惰，喜欢不劳而获。要知道，我每天要飞好久才有可能找到动物尸体呢。

我要赶紧吃，因为那些亲友会一个接一个赶来，和我争抢食物。当然了，除非那些家伙比我还凶，否则我是不会白白将食物让出去的，反而会红着脖子警告它们。

狮子说：

我虽然没怎么见过秃鹫，但一眼就能认出它。因为它的脑袋几乎没有毛，看起来光秃秃的，而长脖子上有一圈长毛，就像餐巾一样。

49

蛇鹫

动物小档案

名称:蛇鹫

体长:1.2~1.5 米

分类:鸟纲—隼形目—蛇鹫科

栖息地:非洲草原等

食物:蛇、啮齿动物、蜥蜴等

天敌:无

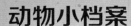

　　秃鹫实在太丢脸了,竟然吃动物尸体。要是让它去捕毒蛇,它一定不敢,也没有这个能力。我就不一样了,我可是有名的捕蛇高手呢!

　　对付蛇,我一般不用蛮力,而是智取。

周旋:利用灵活的步伐和蛇进行周旋;

迷惑对方:不紧不慢地徘徊、挑衅,从而迷惑蛇;

　　背后攻击:来回跳跃,绕到蛇的背后进行攻击;

　　致命一击:用利爪抓住它的要害,从而一击毙命。

毒蛇那么厉害，它要反击可怎么办哪？

这你不用担心。我的腿这么长，动作又灵活，蛇很难缠住我。而且呀，我的腿上长满了鳞片，就像坚硬的铠甲，蛇的毒牙根本穿不透。

鸵鸟

作为一只鸟，我竟然不会飞，你相信吗？事实就是如此。不过呢，我虽然飞不起来，但跑得特别快，是名副其实的"飞毛腿"。

我怎么飞不起来？

你能想象一只鸟竟然有2米多高、100多千克重吗？我就是这个样儿。就是因为长得太大，想要靠自己的力量飞上天，实在是太困难了，除非我有一对超级大的翅膀。

可惜的是，我的翅膀不仅没有那么大，反而退化了，变得特别小，力量也很有限，和一些大鸟的根本没法儿比。就靠这样的翅膀，我怎么可能飞起来呢？

虽然飞不起来，但我有了别的技能——奔跑。看见我这双腿没，真是又长又壮啊！有了它们，我就能快速跑起来，比很多野兽都厉害，还能跨越高高的障碍物呢！

狮子说:

我对鸟一般没兴趣,可鸵鸟不一样,它长这么大,足够填饱我的肚子了。不过,这家伙常伪装成石头或灌木,不太容易被发现。

鸸鹋

作为一只鸟,我也不会飞,你相信吗?但事实是,在我们鸟类家族里,除了鸵鸟,我的个头儿是最大的。不过呢,我虽然飞不起来,但跑得特别快,是名副其实的"飞毛腿"。而我能长这么大,全都是爸爸的功劳,是它辛苦将我拉扯大的。

我是爸爸拉扯大的

去年这个时候,爸爸妈妈在一起了,不久就产下很多蛋。但不知为什么,妈妈却离开了我们的巢穴,到别的地方去了。没办法,爸爸只能去孵蛋。

那时候,爸爸可辛苦了。它不吃不喝不拉,一刻也不离开我,脾气也变得特别暴躁,很有攻击性。那些偷蛋贼要是敢来,一定会被爸爸教训一顿的。

50多天后，我和兄弟姐妹终于出生了，可爸爸一点儿也没轻松下来，常要带我们出去找吃的，还要防备别的动物攻击。还好，我们长得很快，一年多一点儿，就长成现在的个头儿了。

狮子说：

鸸鹋？我没见过。不过我听说，它和鸵鸟比较像，只是没有鸵鸟高大，但也特别能跑，一次能跑上百千米。这可真了不起！

走鹃

动物小档案

名称: 走鹃

体长: 约 0.56 米

分类: 鸟纲—鹃形目—杜鹃科

栖息地: 北美洲草原、沙漠等

食物: 昆虫、蜥蜴、蛇等

天敌: 黄鼠狼、狐狸

和鸵鹬相比，我还是能飞上天的，只是飞行的动作太笨拙了，还容易累。不过，我并不在意这些，因为我练出了快速奔走的本领。

我的腿虽然短，但小碎步迈起来特别快，一分钟能走五六百米呢！在旷野、公路上，你要是远远看到有谁在奔走，而且听到像汽车喇叭一样的"哔哔"声，那就是我来了。

我要四处奔走找吃的

我生活的地方，食物不太多。为了填饱肚子，我必须四处奔走，甚至闯入响尾蛇的地盘。和响尾蛇的战斗是十分惊险的，要么取胜，一顿美餐到手；要么失败，送了性命。

我是一只会飞的鸟

我虽然习惯了在地上奔走，但并没有忘记自己是一只会飞的鸟。比如，在遇到一些敌人，怎么跑都摆脱不了时，我也会先助跑一段距离，然后飞走。